新文京開發出版股份有限公司

NEW
WCDP

新世紀‧新視野‧新文京 — 精選教科書‧考試用書‧專業參考書

U0128135

New Wun Ching Developmental Publishing Co., Ltd.

New Age · New Choice · The Best Selected Educational Publications—NEW WCDP

犬 的照顧與訓練

完全教育指南

DOG

張維誌
莫家瑩
—編著—

國家圖書館出版品預行編目資料

犬的照顧與訓練完全教育指南/張維誌, 莫家瑩編著.－
初版.－ 新北市：新文京開發出版股份有限公司,
2023.11
　　面；　公分

ISBN　978-986-430-981-8（平裝）

1. CST：犬　2. CST：犬訓練　3. CST：寵物飼養

437.354　　　　　　　　　　　　　　　112018091

犬的照顧與訓練完全教育指南　　　　　　（書號：FP02）

編　著　者	張維誌　莫家瑩
出　版　者	新文京開發出版股份有限公司
地　　　址	新北市中和區中山路二段 362 號 9 樓
電　　　話	(02) 2244-8188（代表號）
F　A　X	(02) 2244-8189
郵　　　撥	1958730-2
初　　　版	西元 2023 年 11 月 20 日

有著作權　不准翻印　　　　　　　　建議售價：350 元
法律顧問：蕭雄淋律師
ISBN　978-986-430-981-8

人們善於語言溝通！犬的照顧善於肢體接觸！
獎勵、引導、信任。新世代完全訓練教育指南！

　　人們善於溝通，並且善於透過語言表達出目前的思考邏輯、內心感觸、主觀情感、喜怒哀樂甚至是彼此間的情感溫度。但身為飼主的家長，是不是有「牠在想什麼？」、「牠怎麼聽不懂！」的狀況在日常發生呢？

　　有鑑於此，本書對於寵物飼養管理教育與訓練中期望結合新世代專業犬隻訓練師的多方新觀點，期待可以營造出適合高中、技術高中、大專學生、居家飼養寵物飼主、寵物產業專技教師，以及寵物產業職業專家手中不可或缺的一本工具書，用以全新訓練觀點與思考角度切入，尤其以現代人重於飼養過程的點點滴滴，正所謂：「有好的開始就是成功的一半。」讓大家都能成為優良飼主，寵物也可以快快樂樂的成長。

　　當我們了解人們對於情感可以透過語言表達，但不知道飼主們有沒有發現，若真的要與寵物說話，有時候用說的可能會造成詞不達意、在沒辦法確定正確答案時往往又操之過急、大動肝火或甚至在飼養前，並不是特別了解犬種的特性，因為不按犬種個性或才能，以人們的思考方式去飼養，這些都往往會造成反效果，甚至比預期的想法有更意外的答案，在飼養過程中甚至會反其道而行鬧出了些日常生活中的小確幸。尤其在飼養的過程中，可愛與喜歡是一回事，重要的是飼養的教育與陪伴，實際上如果我們想要寵物能夠「聽話」，就不應該用人類的思考方式去探索牠們的世界，最大的原因就在於寵物不懂語言，我們可藉由與寵物間的互動與接觸傳遞情感與溫度，而且，肢體接觸往往最能表達最深、最忠誠的愛。

　　您曾想過，搖著尾巴的背後是我們的責任；寵物面對人類社會時，若我們沒有階段性的對犬進行教育，牠們往往都會因為來自於陌生環境的陌生與好奇衍生出惶恐、不安，甚至長大後會因為缺乏社會化等因素，導致飼主無法繼續飼養，尤其在工商社會裡，居家飼養型態的方式也會因獨自在家等待主人而產生較為不安或不信任感。因此，若我們可以完整的藉由年齡健康狀況、犬種特定與飼養管理方式，加以階段性去理解犬的思考方式並接續透過正確的方式教育，不僅能夠解決從生活中的壓力累積導致敏感與焦慮的問題，並透過正確的引導與獎勵，減緩壓力與身心靈撫慰後，進而提升恢復信任感，尤其是隨著年齡逐漸地增長，寵物們特別需要。

　　現代人都稱呼寵物為「毛孩子」、「毛同學」這類童趣的簡稱，也因為有了牠們的陪伴確實讓人們生活色彩更加的璀璨與豐富。因此，我們也必須思考最重要的議題，身為飼主，我們一定要有正確的教育觀點與正面的方法對待，這樣在飼養的過程中才能讓牠們身心健康、活潑愉快，守護陪伴著我們。

張維誌

動物友善的科學育兒法

沒有人一開始就懂得養狗,我以前也和很多狗家長一樣,經常看電視的馴狗師節目和坊間的犬隻訓練工具書,但當時看到的內容總是離不開教飼主怎樣做領袖、遛狗時要昂頭挺胸、做錯事要懲罰、不准牠走在前面、撲跳、上床或沙發等,強調飼主要支配狗兒,否則牠們便會挑戰你的地位。我當時已經在想,這樣養狗不是很辛苦嗎?我明明是想要寵愛眼前這隻小狗才帶牠回家呀,怎麼在家也要當起軍官呢?

後來到美國修讀犬隻訓練課程,再取得國際專業認證,並加入香港的犬隻領養機構「救狗之家」成為全職犬隻訓練師,接觸到的人犬個案更多,才發現原來當時的我並非唯一。很多人非常疼愛毛小孩,只是被電視效果洗腦或聽從朋友的勸告,即便心裡不舒服,還是強迫自己板起臉,執行種種軍訓式的家規,故意壓低聲線增加威嚴、手指戳肚、猛拉牽繩,甚至用起電擊項圈、刺釘項圈等工具,以為這樣才會贏得狗兒的尊重和服從。結果,狗兒所謂的聽話只是出於畏懼,甚至衍生其他行為問題;而飼主自己也「罵在兒身,痛在爹娘心」,雙方都不好受。不少學生與領養家庭也跟我說,親身體驗過正向教養法後才鬆一口氣,慶幸終於不用再板起臉,驚訝原來有教無「淚」是真的,小型犬、大型犬、乖狗狗,甚至是會凶、會咬人攻擊的狗兒也毋須打罵威嚇,開開心心的一樣可以教出乖的毛小孩。

我總相信人類身為萬物之靈,理應有更高的智慧,不用動粗脅逼等低層次的手段,單靠腦力便可以把毛小孩教好。這幾十年間,世界各地的動物行為學家正是運用這份智慧進行大量研究,讓我們對犬隻的生理、心

理、情緒行為、語言、學習模式有更深厚的認識，不僅推翻了許多流傳多年的養狗謬誤，也引進更多科學實證有效、且動物友善的訓練方法。

其實很多人犬生活的磨擦只是源於雙方文化差異，正向教養法著重了解犬隻，以符合牠們特性的方式去溝通，去教導，不單在狗兒乖巧時著重獎勵，而是在行為不如理想、甚至是攻擊時，我們也強調毋需、也不應該使用打罵威嚇作懲罰，快樂教學一樣可以撥亂反正。這樣的教育方法用起來既有效又舒服，更為符合我們一開始養狗就是希望毛小孩快樂的初衷。

如果您以為這本書會教你很多指令或行為糾正的絕招，那很抱歉，恐怕要讓您失望了。這本書真正要說的不是訓練，而是教育，希望引導大家去了解犬的想法、情緒與行為，再以牠們喜愛、能夠理解的方式作出教導。希望讀者們也能夠和我一樣，當個快樂的毛孩守護者。要讓狗兒在這個繁囂複雜、對動物並不友善的人類社會裡，還能自在的當一隻犬，無疑是個大挑戰，但為了毛小孩，我相信每位毛孩爸媽都願意做得更好。

莫家瑩

CPDT-KA 國際認證專業犬隻訓練師

CONTENTS 目錄

CHAPTER **01** · **犬種選擇與飼養觀念** 1

1-1 如何挑選適合的犬種 4

1-2 新手飼主不可不知的飼養祕訣 12

CHAPTER **02** · **犬的學習模式與教養方法** 15

2-1 解構狼群理論 17

2-2 行為動機 20

2-3 學習模式 22

2-4 正向無壓迫教養 30

2-5 以科學角度看懲罰的弊病 33

CHAPTER **03** · **犬的情緒與肢體語言** 39

3-1 解讀犬的喜怒哀樂 41

3-2 犬的心智與情緒 49

3-3 照顧毛孩的情緒健康 54

3-4 社會化的重要與進行 59

目錄

CHAPTER **04** · **正向無壓迫的飼養管理技巧　65**

4-1　滿足天然習性與需要　68

4-2　獎勵的正確運用　72

4-3　管理學習環境　75

4-4　調整問題行為五部曲　79

4-5　精進訓練成效的竅門　82

CHAPTER **05** · **居家飼養管理　87**

5-1　籠內訓練安全的家　89

5-2　讓寵物學習上廁所　91

5-3　培養良好的飲食及生活習慣　94

5-4　與人們互動的遊戲　99

5-5　戶外活動與運動需求　102

CHAPTER **06** · **居家寵物美容技巧　105**

6-1　認識基礎美容工具　107

6-2　工具的使用與技巧　108

6-3　洗劑的使用與建議　112

6-4　洗澡沐浴與保護皮毛　113

6-5　結　語　114

CHAPTER 01

犬種選擇與
飼養觀念

1-1　如何挑選適合的犬種

1-2　新手飼主不可不知的飼養祕訣

現代人忙碌於工作以及生活中，往往伴隨著工作壓力與經濟負擔。然而，隨著毛小孩的飼養率逐年提高，尤其以寵物產業龐大的商機猶如雨後春筍般推陳出新，不僅包含鮮食料理、服飾配件、旅館住宿、外出推車、行為教育與安親保姆，毛小孩如同家人，儼然已成為現代人飼養寵物的趨勢，也同樣是近年來逐漸受到飼主重視的一環。

　　以臺灣島嶼型各個都市中的生活模式或是住商混和模式來說，人們選擇所飼養的品種也通常依照自己喜好或是居住環境做為一個首要的考量。隨著飼養寵物儼然已成為現代人的趨勢，在臺灣挑選想飼養的寵物管道非常多，普遍國人在挑選想要、喜歡或是特殊的品種時，一般來說，有的是因為個人喜好於某種品種，對牠有深刻的印象或是情有獨鍾，亦有些是因為訓練需求或是工作狀況，甚至是政府或軍警單位特殊國家安全工作需求，皆因為不同犬種都有不同的特性、膽量、生活方式、習性和壽命等特質，因此提供了人們選擇飼養品種有更多的選擇考量對象。

　　然而，以臺灣目前的飼養結構普遍來說，透過政府單位統計犬貓登記數量來看，雖然近年來飼養貓的比率增加

不少，但犬的居家飼養依然大過於貓的飼養管理，但犬的飼養中的問題卻大過於貓，其探究原因首要是因為對於犬種的照顧不熟悉，無法全盤理解犬的心理與生理的訴求，導致行為偏差或教養問題居多；其次為飼養過程大多以擬人化的「毛小孩」當作日常教育與照顧的方式飼養，或受刻板印象影響而對於犬的行為表現有過高要求，以至於造成許多因飼養不符合預期而遺棄或中斷飼養的狀況產生。

因此，如何選擇適合的犬種我們必須考量到生活環境，例如：飼養空間的大小決定飼養的犬種大小、居住環境的氣候決定飼養犬種的適應程度、依照飼主工作型態與經驗對於特定犬種應有的照料方式，以及在飼養前妥善衡量經濟狀況等，這些儼然成為新手飼養者必須注意的重要事項。

　　犬，隨著擬人化與時代變遷，現代人稱之為「毛小孩」，是人類最早馴服的一個物種，也是人們常見的犬科哺乳類動物，平均年齡以小型犬來說為十數年，又其小型犬相較大型犬為長，經研究指出，目前因人類的選育而培育出來的犬種現在約有 800 多種，然而在世界畜犬聯盟（法語：Fédération Cynologique Internationale，縮寫為 FCI）於 2022 年認定品種犬總共有 356 種，值得一提以臺灣犬(Taiwan Dog) 命名，是世界犬種排行的第 348 種犬，於 2015 年登入在世界畜犬聯盟，以下將以十大犬種群分別作介紹。

一　第一大犬種群―牧羊犬與牧牛犬

　　第一犬種群以牧羊犬犬種為最主要類型，擅長協助人們追蹤狩獵物或驅趕集中獵物，此群種體格強壯、活動精力充沛、專注耐力持久是普遍工作犬給人們的特性，其中又以非常機敏靈活、又有充沛活力精神和堅韌深厚的耐心有著深刻的印象，在農場中牧羊犬是從事長距離驅趕牛群或羊群前往市場或農舍的好幫手，同樣的牧羊犬擁有非常敏銳細膩的觀察力，對追捕獵物又非常有自己的邏輯思考方式，牧羊犬的確是人們不可或缺的好夥伴，尤其如果可透過有系統的訓練方式，更能夠在短時間懂得人們的指令以及要求，飼養上須提供大量活動以及訓練，適應長時間戶外活動的生活環境。

二 第二大犬種群─工作犬種群

第二犬種群以工作犬種、短毛獵犬為最主要的類型，此犬種群又包含小型犬至大型犬，包含：伯恩山犬、拳師犬、英國鬥牛犬、杜賓犬、迷你品犬、迷你雪納瑞、紐芬蘭犬、大白熊、洛威拿犬以及獒犬，工作犬除了犬種體型上的不同外，皆具有非常發達活躍的感受察覺能力，在訓練的過程中也相當有使命必達的接受程度，除了擅長工作的項目以外，工作犬種也有相當十足的勇氣、忍耐力、敏捷移動能力，以及警覺性，因此在飼養的管理上，生活環境的安排則需要提供大量的運動時間及日常運動訓練，以達到身心平衡。

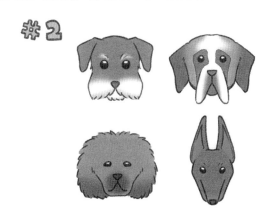

三　第三大犬種群—㹴犬群

　　第三犬種群以㹴犬為最主要的犬群類別，常見的㹴犬群有貝林登鐵利亞、約克夏㹴、傑克拉索㹴、西高地白㹴、剛毛懷亞、迷你牛頭㹴、湖畔㹴與蘇格蘭㹴等，㹴犬屬於獵犬，在飼養上一般擅長與主人一同打獵並協助獵人追捕獵物，體型一般為小型，平均體重約 8 公斤，體型屬於小型犬但卻非常勇猛善戰，往往狩獵時都屬於主動攻擊姿態，因此整體體型以力氣為主要來展現美姿美儀，且肌肉與結構比例恰當，在飼養管理日常生活中有著積極、活動力十足的活躍個性，同時也相當為喜歡戶外活動的人們所喜愛飼養的犬種之一。

四　第四大犬種群—臘腸犬種群

　　第四大犬種群為獸獵犬，主要類別包含長毛臘腸犬、短毛臘腸犬以及剛毛臘腸犬，其名源於德國，通常以臘腸犬的身體長、四肢腳短又為此犬種的特徵，體型為短毛或長毛的小型犬較為常見，同樣也是

屬於獵犬型的犬種，一般喜歡吠叫驅趕或追逐小動物，對同伴以及主人的忠誠度也相當高，適合居家型態的飼養空間，以及提供一定程度的運動量即可，適合飼養於一般住家或是公寓類別的區域。

#4

 ## 五 第五大犬種群—原始型犬種

第五大犬種群種類較多，主要有薩摩耶、秋田犬、博美犬、柴犬、臺灣犬、哈士奇犬、鬆獅犬等犬種，此犬種以熱愛自由、獨立、自信為代表，值得一提的是臺灣本土原生犬於 2015 年正式登入世界畜犬聯盟登記認證名臺灣犬 (TAIWAN DOG) 為世界第 348 犬種。原始型犬種一般喜自由，所以飼養的環境需要較廣或時常帶出門運動，居家飼養此犬種應保證其有充足的運動量，以及放風時間以提供一定的正常調適心情的作息。

#5

六　第六大犬種群—嗅獵犬種群

第六大犬種群常見的犬種有米格魯犬、大麥丁犬、巴吉度犬等犬隻品種，名為嗅覺型的獵犬，最大的特徵就是牠們的嗅覺非常的敏銳，尤其米格魯常見於搜救任務或是緝毒海關任務，近年來國內的米格魯犬出勤海關任務屢屢建功，所以又有「護國神犬」的封號，活動量為一般飼養的接受程度，也為大家所喜好。

#6

七　第七大犬種群—波音達犬種群

第七大犬種為指示犬種群，一般常見的有雪達犬和威瑪獵犬等大型犬，最初起源於英國，屬於獵犬的一種，指示犬性格溫和、對人們友善，對小家庭所飼養也相對適合，其原因是侵略性非常低，此犬種對於領域性相較其他犬種為低，善於與孩子相處非常可以融入，很適合一般家庭生活。

八 第八大犬種群－尋回獵犬種群

　　第八大犬種群常見的犬種如拉不拉多犬、黃金獵犬、美國可卡犬等，歐、美國家飼主善於飼養此犬種，目的做為狩獵時可以為獵人尋回獵物，而此犬種群特別喜歡被討好、喜歡撒嬌、食量非常大、活動力也特別大，也善於學習並且也有高度的服從能力，尤其以黃金獵犬與拉不拉多，可透過一定的訓練管理，引導成為工作犬、導盲犬或輔助治療犬等，本犬種群非常的親人也有高度的服從程度，也同樣非常適合一般居家或小家庭飼養。

九 第九大犬種群－伴侶犬種群

　　第九大犬種群體型大多屬於體型小但其性格活潑、想法聰明伶俐，常見的犬種有巴哥犬、蝴蝶犬、西施犬、比熊犬、迷你貴賓犬、玩具貴賓犬、標準貴賓犬、法國鬥牛犬、瑪爾濟斯犬、長毛吉娃娃等，此犬種為最多人飼養，除了陪伴以外也可透過美容設計提供造型創作，大多數小型犬較為依賴人們，尤其會依賴與人們互動、陪伴或玩耍，在飼養中切勿讓此犬種過度依賴人類，因此要特別注意教育以及社會化，必須經過專業的飼養管理或服從訓練，本犬種群也可以照顧老人、幼兒和患病者，是犬種中最接近人類也是最佳的精神伴侶。

十　第十大犬種－視獵犬種群

　　第十大犬種群最先被訓練來利用視覺追蹤獵物的視覺型狩獵犬，而世界上腳程速度最快的犬類也在此群種裡，最高時速可達每小時 64 公里，常見的犬種有阿富汗獵犬、惠比特犬、愛爾蘭獵狼犬等，屬於中、大型犬，適合活動空間大的居住環境或能長時間外出運動。

　　以上十大犬種的特性，都依循不同的個性、體型、工作型態、性格、體能、結構、美容造型、飼養環境等做類群區分，然而，在臺灣對於犬的飼養與管理，有著「米克斯」之稱呼的「犬種」在許多的居住環境中也很容易發現，對於米克斯的稱呼，有的稱之為「最優秀犬種」，其原因以基因為考量，牠們匯集了許多犬種的獨特個性與優秀的體態，或許有些飼主會因為外表來挑選犬種，但在臺灣保護動物教育觀念的發展下，領養米克斯也是在選擇飼養犬族時的考慮選項之一，在選擇犬種時，大多數人們會先以自己的飼養空間為出發點，考量評估大、中、小型的犬種，然後再依照自己的興趣或喜好等特質，再者依照相同興趣或是工作型態來挑選飼養的品種。

1-2 新手飼主不可不知的飼養祕訣

　　首先，我們需了解毛小孩生活在母系社會中並屬於穴居型動物，生活行為上除了會跟隨母親學習之外，進入到一個未知的新環境或新領域時，第一件最重要的事情就是透過動物的行為本能嗅覺來進行觀察，透過鼻子嗅聞現場留下來的氣味分辨安全狀況、食物來源、環境地域，以及活動空間等，並藉由正向連結，判斷出安全、危險、熟悉或壓力來掌握現場狀況。

　　然而，當犬種轉為人們飼養時，主要解決的問題並不是食物或水源，而是必須讓犬配合人們的生活方式，這過程中往往導致了壓力，進而演變為行為問題，尤其以空間的不足導致讓牠們沒有自由的活動空間，累積久了後，空間不足問題就造成壓力的主要來源，尤其以臺灣地狹人稠的狀況來說，生活於都市型態的環境，基本上公共活動空間對一隻犬來說已經不是最自然的生活環境，倘若沒有善加專注引導或教育訓練，將會造成一些行為問題的狀況產生，尤其對於一些中、大型犬隻來說，飼養上更需要讓牠們有一個可以自由踩踏的空間抒發心情，相對的我們就更要理解到環境的關聯以及重要性，從提供一個安全且衛生的環境開始，這會大大影響學習能力、心理狀況以及行為舉止，以下透過互動與學習，間接地達到飼養管理以及教育目的。

一 環境衛生

提供一個良好的生活環境對居家飼養寵物的飼主來說非常重要。首先要注意的就是環境衛生，一般居家飼養時，我們會訓練犬在進食後養成大小便的好習慣，透過良好的習慣養成，除了讓飼主更能掌握犬的生理狀況，也可以養成規律的生活。

二 生活習慣

當寵物和人們一起居住的同時，生活習慣往往變成一項最重要的默契大考驗，人們因為忙碌、工作、壓力和生活，無法時時刻刻的注意寵物的一舉一動，但牠們卻無時無刻地注意著我們，舉例來說，固定的電話聲音、固定的路線、居家附近的氣味、同樣的電鈴聲音、準時出門的習慣和規律的飲食生活等，看似稀鬆平常的生活場景，對於寵物來說確是很重要的線索或者是訊號源。因此，行為教育對與飼養犬來說格外的重要。

三 社交活動

社會化是目前飼養管理中必要的飼養教育課程，普遍來說幼犬在第 16 週完成疫苗注射之後便可出外散步，接觸外在環境的事物；但其實在此之前，我們已可在家中為幼犬進行社會化教育，以便寵

物盡早接觸人類生活中的各式聲音、氣味、物件、人與經驗等,將來不會因為好奇、害怕、警覺、敏感等問題造成飼養上的行為問題。

　　以寵物的社會化來說,觀察是第一要務,我們必須學會並時刻觀察寵物的行為訊號,以便了解需求及狀況,適時地提供協助與幫忙,並給予寵物空間與自由決定靠近或離開。我們可以安排寵物在一個安全而有趣的環境下探索,循序漸進地認識各種氣味與材質,接觸不同的人,了解人們生活方式和聲音,模擬身體檢查與美容程序,以及逐漸接觸戶外吵雜的聲音和滿街跑的交通工具,並藉由飼養的階段讓寵物發揮本能,學習與其他同類相處和互動,達到社會化的本能。

02 犬的學習模式與教養方法

2-1　解構狼群理論

2-2　行為動機

2-3　學習模式

2-4　正向無壓迫教養

2-5　以科學角度看懲罰的弊病

犬在現今家庭裡的角色越來越重要，由過往以功能為主的看門犬，只提供三餐一宿的主僕關係，變成了現在許多家庭裡最寶貝的「毛小孩」、「主子」。我們與狗的關係越親密，便越需要深入了解狗的真正想法，這樣才能因材施教，減少人犬生活上的磨擦。這部分將會以科學角度，協助大家了解狗兒邏輯，認識牠們的社群結構、行為動機與學習模式，讓教養的工作變得更輕鬆，更科學化，也更貼近狗兒的需要。

2-1 解構狼群理論

提到管教方法，時至今天仍然有不少人認為要成為犬的「領袖」、「老大」，才能讓牠們聽話。這套「領導派」訓練方法源於四十年代的狼群研究，認為狼會透過攻擊去爭奪資源，勝方將贏得資源的支配權與領導地位，且必須持續鬥爭去保住王座。當時一群犬隻訓練師認為犬既是狼的後裔，必然也承襲了這種階級觀念，因此主張飼主必須成為家庭裡的領袖，支配狗兒的所有資源，例如：平時禁止狗兒使用沙發與飼主的睡床、散步時不可以讓狗兒超前、不可以讓狗先吃等；而在狗兒犯錯時必須施壓糾正，包括快速猛拉項圈、用手指刺戳狗兒身體、甚至是把牠們按至四腳朝天馴服。

 一 狼群理論的謬誤

狼群理論與其衍生的「領導派」方法此後一直在坊間盛行，然而陸續有學者指出當中存在極大謬誤，最大的弊病在於該狼群實驗的研究對象全部均是被抓回來圈養的狼，牠們互不認識，因資源有限被逼迫要互相爭奪才能生存。最先提倡狼群理論的科學家後來也坦承錯誤，承認實驗設定本身嚴重違反自然，所得出的觀察不能代表真正的野生狼群，而把理論延伸至犬隻訓練，自然造成重大偏差。

真正的野生狼群以家庭為單位，由父母撫養子女，直至子女成熟後才離開另組家庭，偶爾也會有兩、三個家庭聚居。但由始至終，

族群均以父母為核心，不存在競爭老大地位，因為打鬥會導致傷亡，嚴重影響族群的生存機會。父母不需要爭做第一，反而會把食物先讓給弱小，再與其他家族成員合作狩獵與照顧孩子。

二　別再把犬看成狼

　　科學家普遍相信犬被人類馴化已超過一萬四千至三萬年的歷史，無論是生理、心理與社會結構均是獨立的物種，不能也不應該再與狼作比較。若要真正了解犬的天性，觀察放養犬或浪犬會是更合理的選擇。科學家發現，犬天生是靠拾荒為生的食腐動物，不需要組織緊密的狩獵行為，族群過大反而僧多粥少，影響生存機會，所以犬群的社會結構很鬆散浮動，並不如我們想像般重視位階。

　　家犬在人類社會裡向來處於被動位置，沒有真正的選擇：牠們出生後何時被帶回家、在哪裡居住、上廁所、何時吃飯、吃什麼、到哪裡散步、睡床放在哪裡等等，全部依賴飼主的安排。犬精於觀

察，人與犬的體態、氣味與生活習慣如此不同，牠們一定知道大家並非同類。既然明白飼主非同類，而且是掌握資源的「金主」，狗兒又怎會還想與我們競爭呢？

三　成為仁慈體貼的毛孩守護者

　　近代犬隻行為學家均指出，迷信於「犬是狼」或「必須當領袖」等觀念已經落伍，容易導致人們錯誤使用「支配」去詮釋犬的行為動機，著重於重奪支配權與壓制行為問題，但卻忽略了狗的真正需要與情緒，導致人犬關係受損，甚至問題惡化。

　　這不是說我們要放任毛小孩，好的照顧者絕對需要教導技巧，也要制定界線。重點是我們要了解狗的真正需要、喜好與情緒，再通過管理與引導，去給狗兒一個快樂學習、容易成功的機會。不須當獨裁的暴君，不靠打罵威嚇，一樣可以教出乖巧快樂的毛小孩，這才更符合我們帶狗回家的初衷。

　　犬隻行為既然與「支配」無關，那麼行為背後的動機又是什麼呢？人類在滿足了最基本的生理需要後，往往還想要追求更高層次的「尊重」與「自我實現」等，狗則比我們簡單直接得多，牠們的行為動機通常分為兩大方向：

🦴 安全─愉快─舒適

1. 追求正面的東西：例如：食物、安全感、愉快、舒適等。
2. 避開負面的東西：例如：飢餓、疼痛、恐懼、危險等。

　　追求安全或避開危險是所有動物的優先目標，因為這與生存有關，而在確保生命安全之後，狗兒才會開始對其他事物感興趣，例如：追求吃零食的愉快、享受往前探索的趣味、喜歡睡在某個地方的舒適感。

　　狗的想法都很直接單純，只是我們往往把犬擬人化，將牠們想像得過於複雜。很多人們眼中的行為問題其實只是正常的犬隻行為，例如：吠叫、扯繩、咬東西、保護食物，甚至攻擊等，只因狗兒用上了人類不喜歡的方式去表達，才造成了照顧者的困擾。

　　最經典的例子莫過於狗跳上沙發，很多人以為牠們想藉著支配高的領域來挑戰飼主地位，其實只是狗天生喜歡睡有點高度的地方，而且沙發軟綿綿又充滿家人的味道，牠們覺得很舒適而已；又例如：散步扯繩並不是想要挑戰飼主地位，只是因為狗兒想走快一點去探索前面有趣的東西，或是膽小的狗想要避開街道上的危險。 有些看來凶猛的攻擊行為往往更是源於恐懼，只是狗想要趕走威脅到牠安全的東西。

　　既然明白了與「支配」無關，照顧者大可放下成見，更細心的去了解狗行為背後的真正原因，提供機會讓毛小孩疏導自然行為，並主動教導牠們以更合宜的方法去滿足需求，讓人犬生活達至和諧。

舒適　愉快　主人的氣味　視野好

　　大家一定很想知道狗兒小小的腦袋是怎樣學習的吧！究竟牠們如何學會自己的名字、了解「坐下」「握手」這些指令？怎樣學會坐好才可以吃飯、定點上廁所、把球撿回來、翻倒垃圾桶偷吃，甚至是一些不太理想的舉動？

　　科學化地了解犬的學習模式很重要，其實和我們人類有很多相似的地方呢！掌握好這些學習法則，便能制定有效的教育策略，輕鬆協助毛小孩建立好行為，戒掉壞習慣了。

一　古典制約 (Classical Conditioning)

　　科學家巴夫洛夫發現，犬天生會因為看到食物而流口水，但對鈴聲這種人工物品沒有反應。但如果實驗人員每次餵食前都先搖鈴，持續多次之後，狗光是聽到鈴聲，還沒看到食物就已經流口水了。這是因為狗已把鈴聲和食物聯想在一起，鈴聲預告食物將會出現。本來不帶影響力的鈴聲，現在能發揮和食物一樣的作用，觸發狗的身體條件反射。這種刺激與反應的關係稱為「古典制約 (Classical Conditioning」，或簡單點的用語「聯想 (Association)」。

　　動物行為訓練的許多技巧正是由此衍生的，例如：我們每次說「好棒」或按響片（註：Clicker，一種訓練工具），都會給予零食

獎勵。因為零食獎勵讓動物開心，所以之後牠們只要聽到「好棒」或響片的聲音就已經興奮了，之後我們便可以利用這些聲音準確捕捉及增強狗兒做得好的行為。

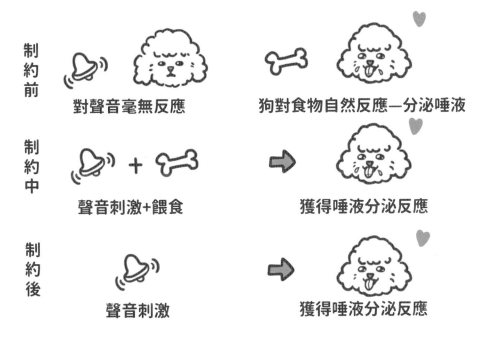

制約前　對聲音毫無反應　狗對食物自然反應—分泌唾液

制約中　聲音刺激+餵食　獲得唾液分泌反應

制約後　聲音刺激　獲得唾液分泌反應

（一）聯想無處不在

　　古典制約不單用在訓練上，在日常生活裡也無處不在。聯想可以是好的，也可以是負面的。要是每次某事物出現之後，狗也會得到愉快、美好的經驗，那牠以後看到那件東西便會心情好；但如果每次的後果總是差勁的，狗也同樣會產生聯想，將來該東西便會觸發狗兒的負面情緒，並反映在行為之上。

例子 ❶ ● ●

　　如果你現在找個塑膠袋弄出聲音，狗狗是否馬上跑過來討吃？塑膠袋本來是對狗兒毫無意義的人工物品，但我們拿食物前通常都要先打開食物包裝袋，於是聽覺敏銳的狗兒很快便知道「聽到塑膠袋的聲音＝零食來了」，自動進入興奮狀態。

例子 ❷ ● ●

　　幼犬一開始剪指甲時，通常都很乖。但幾次之後，狗兒很可能光是看到指爪剪就已經逃跑了。因為每次剪指甲，牠都會被緊緊抱住，被弄痛甚至流血，所以牠已把指爪剪聯想成不好的經驗，覺得害怕，想要避開危險。

（二）善用聯想－有用的訓犬工具

　　古典制約除了有助於狗兒社會化，也是在問題行為調整時經常用到的工具，因為很多看來凶猛攻擊的行為其實只是源於恐懼。利用「反制約 (Counter-conditioning)」，我們可以把狗兒沒有接觸過或害怕的人事物，分拆成牠可以接受的程度，然後通過練習，慢慢建立正面、愉快的聯想。牠喜歡看到那東西的出現，自然就不會出現退縮、激動或攻擊等行為，能夠治標又治本的把導致行為問題的情緒原因改善。

 ## 二　操作制約 (Operant Conditioning)

　　這心理學理論同樣在教養上經常運用到，動物了解到牠做出的行為會產生後果，而該後果的好壞將決定了動物將來是否想要重複那個行為。

　　如果帶來的後果讓動物感覺愉快、舒適或安全，行為便會得到增強，日後較大機會重複。相反，如果是令動物不安、痛楚或危險

的負面結果，動物便會減少再做該行為。具體例子在生活裡多不勝數，我們的全勤獎、孩子做家務有貼紙、犯法要坐牢、狗坐下便有零食等，其實便是操作制約。

很多犬隻訓練的方法正是建基在此法則，只要我們能控制資源的發放或移除，去影響後果好壞，便能改變行為出現的頻率，可分為以下四個情況。

（一）行為帶來好結果，行為日後將增加出現

1. 犬的行為讓牠渴望擁有的東西出現（正增強）（✔ 鼓勵多用）

例子 ● ●

狗狗坐下會得到零食獎勵，之後會越來越快坐下。

2. 犬的行為讓牠討厭不安的東西消失（負增強）（✘ 反對使用）

　　狗狗的項圈一直被訓練員往下拉，直到牠身體趴下，訓練員便馬上放鬆頸圈，解除牠脖子上的壓力，狗狗之後會越來越快趴下。

（二）行為帶來壞結果，行為日後將減少出現

1. 犬的行為讓牠討厭不安的東西出現（正處罰）（✘ 反對使用）

 例子 ● ● ●

　　狗狗在地下便溺，被飼主大聲斥責、掌嘴，狗狗以後會減少在飼主面前便溺。

2. 犬的行為讓牠渴望擁有的東西消失（負處罰）（視情況而定）

例子

爸媽回家時狗狗撲跳歡迎，希望得到注意，但家人馬上轉身不予理睬，狗狗日後會減少撲跳。

要注意的是，雖然以上四個方法都可以達到行為增多或減少的目標，但並不是每個都鼓勵使用。特別是「負增強」與「正處罰」，因為過程中必須先施加厭惡的東西（例如：壓力、痛楚、威嚇），導致狗兒只能在壓力與恐懼下學習，力度不當更有可能受傷，而且大大影響人犬關係。而「負處罰」需要移除狗喜歡的東西，也有可能導致牠們沮喪而變得激動，所以家長必須因應毛小孩的表現而衡量。

最鼓勵使用的是「正增強」，家長可以主動教導或找出狗的良好行為，並多加獎勵，讓行為將來更多出現，形成習慣。這樣明確的指出哪個是理想行為，不僅有利於訓練效率，也能讓毛小孩在快樂中學習，與照顧者保持良好關係，是「正向無壓迫教養」的核心理念。

2-4 正向無壓迫教養

前文已經以科學的角度解釋,我們不須使用體罰或責罵,單單藉由給予或拿走狗喜歡渴望的東西,已可以強化牠們的良好行為或減少壞習慣的出現;透過持續配對良好經驗,能夠讓狗對新事物建立正面聯想,或逐步改變以往的負面想法,達至行為調整,這正是「正向訓練」以獎勵代替責罰的核心基礎。

隨著動物科學對狗有更深的認識,我們對於教養方法也有進一步的提升。除了「正向」,還應該做到「無壓迫 (Force & Fear -Free)」才算真正符合狗兒的福祉。無論是日常相處、社交互動、基本訓練或行為調整,除了過程中不涉及任何會導致狗恐懼、痛楚或受壓的操作與工具,狗兒的身心健康更應該放在首位。因為表面行為往往只是「果」,情緒與生理需求才是「因」,應該先顧好狗兒的身心健康,才再以訓練的手段加以調整。

🦴 以關係為主的教養方式

正向無壓迫的教養方式講求了解與同理,追求與狗兒建立信任的正面關係,而並非強行以訓練去操控或改變牠們。我們著重滿足狗的基本需求,觀察與回應犬隻肢體語言,尊重和給予牠們表達個性、情緒與自然行為的自由。透過管理與壓力排除,為牠們提供安全而安心的環境,引導狗兒以合宜的方式疏導自然行為,主動教導毛小孩遇到狀況時該如何作出更符合人類社會的選擇。

犬隻行為專家 Linda Michaels 在 2015 年時提出「狗狗需求金字塔」，為狗兒護理和無壓迫實踐訂定了一個標準。

1. 生理需求：提供符合狗需要的營養、新鮮食水、活動、空氣、睡眠、室內居所、安全、溫度控制、溫和護理及就醫體驗。

2. 情感需求：讓狗感到安全、愛與信任，成為要求明確一致、友善可親的照護者。

3. 社交需求：與家人及其他狗建立關係，提供遊戲機會。

4. 正向無壓迫訓練：透過管理與預防調整，教導及獎勵增強良好行為，削弱不好行為被強化的機會，並以制約法改變狗的觀感，系統化介紹新事物。

5. 認知需求：給予狗選擇的自由，提升好奇心與解難能力。

（資料來源：**Do No Harm Dog Training** 網站）

　　在金字塔裡可見，訓練並非我們處理問題的首要手段，照顧好狗的生理、情感與社交需求，才是讓毛小孩生活美滿的關鍵。犬雖然已被馴化很久，但與人始終是不同的物種，被迫跟從人類社會的規範生活，難免會導致天性無法滿足，而這正是許多犬隻行為問題、人犬關係生磨擦的主要原因。我們作為狗兒守護者，應該設法在日常生活中為狗增添自由，「以犬為本」地提升牠們的生活品質，讓毛小孩可以當回一隻犬，享受犬的樂趣。

2-5 以科學角度看懲罰的弊病

　　我們經常鼓吹「不打不罵」，拒絕施罰其實不單是出於仁慈人道，心疼狗兒受苦，更是因為懲罰在科學上站不住腳。在「學習模式」的章節裡，我們談到理論上利用打罵威嚇等方法令狗產生痛楚、不安、害怕等負面經驗，確實可以令行為減少。理論上或許說得通，但實際執行卻弊病叢生，造成的身心創傷隨時無法彌補。

✘ 以暴易暴　激發攻擊行為

　　我們以為懲罰會讓狗明白自己做錯事，但實際上，狗兒可能變得因此害怕施罰者，甚或泛化至其他人、手、工具或周遭環境。在極度恐慌或安全受威脅時，狗兒或許會自衛作出攻擊。早有研究指出，被打罵懲罰方法訓練出來的犬隻比一般高 2 倍機會攻擊陌生人，襲擊家人的比率更是高 3 倍之多。犬的動作比我們快很多，咬勁也可以很猛，平常只是出於忍讓，但如果把牠們逼上絕路，最終受傷的很可能只是我們。

✘ 選擇性服從

要是狗兒將懲罰與施罰者聯想起來，牠很可能誤以為「你」就是牠被罰的原因，你不存在，牠便安全了，所以只會在你出現時才表現服從。但你希望和狗的關係是建立在恐懼上的嗎？

✘ 不再發出警告訊號

如果狗兒發出警告訊號（例如：吠叫、露齒、低吼等）長期被處罰，牠以後遇到壓力很可能會不再願意與外界溝通，停止發出警告，被推到情緒爆發便直接攻擊，這樣令人防不勝防，其實更危險。

✗ 剝奪學習意願，形成驚慌性格

　　懲罰並沒有提供有建設性的新資訊，狗兒只能從不斷的嘗試與受罰中去猜測怎樣做可以避免犯錯。勇敢樂觀的狗或許願意再接再厲，但更多狗會為了少做少錯而停止學習，變得封閉或神經兮兮，對於周遭環境的變化完全無法冷靜。

✗ 訊息含糊，訓練效率低劣

　　懲罰所傳達的訊息非常含糊，容易令狗誤會被罰的原因。例如：狗兒在家中便溺被罰，是不可以在這材質上尿尿嗎？還是不可以在家裡面尿？或是不應該在父母面前尿？結果牠可能會嘗試別的角落，或忍到沒有人看到時才去，甚至吃掉便便企圖銷滅證據。這種惡性循環不僅傷害人犬感情，也非常浪費時間心力，訓練效率低劣。

✘ 施罰時機必須準確

　　施罰必須在行為發生的 1~2 秒內進行，否則狗會不明白，或者產生錯誤聯想。大部分飼主沒有受過專業訓練，時間一旦沒掌握好，很容易造成傷害或衍生更多行為問題。相對之下，獎勵雖然同樣講求時間精準，但失手了頂多也只是讓狗多賺些甜頭而已，無傷大雅。

✗ 施罰力度必須足夠阻嚇

　　別再相信「狗狗脖子粗不會痛」這種說法，不論是何種形式的懲罰，要是力度不足以令犬痛楚或害怕的話，便無法阻嚇牠們停止行為。每隻狗所能承受的壓力都不同，如何判斷力度足以停止牠的行為，卻又不會傷害心智與身體呢？狗狗生活在痛楚與恐懼中固然是個大問題，牠們的脖子佈滿氣管、脊椎、神經線、淋巴與甲狀腺等重要器官，研究指出猛拉項圈或使用電擊項圈會造成疼痛、眼壓增加、神經系統受損、甲狀腺機能減退等問題。訓練變成傷害，無論如何都不值得。

　　現今因社會風氣所致，絕大部分的訓犬師均自稱「正向」，但並不是用零食和讚美去獎勵好行為，就一定是動物友善的正向訓練方法。某些訓犬師在矯正行為問題時，仍舊會強調領袖威嚴，使用手指戳刺狗兒身體、猛拉牽繩、電擊項圈、按壓狗兒翻身等高壓方法去制止行為。作為毛小孩最信任的守護者，我們必須盡力把關，千萬別因為對方的訓犬師銜頭便照單全收，一定要細心分析。最簡單的分辨方法是，如果你不會用那些方法去管教一個2、3歲的孩童，請你也別用在毛小孩身上就對了。

· MEMO ·

CHAPTER **03** 犬的情緒與肢體語言

3-1　解讀犬的喜怒哀樂

3-2　犬的心智與情緒

3-3　照顧毛孩的情緒健康

3-4　社會化的重要與進行

狗兒雖然無法用人類語言與我們交談，但其實每分每秒都利用身體不同部位去和我們溝通。學習狗語可以說是每位犬隻照顧者的基本功，讓我們可用狗的視角去分辨牠們的情緒與需要、正確與狗互動、調整訓練進度，甚至是預防行為問題，避免被咬。不論年齡、性別、品種、背景，世界上所有狗狗都在說同一套語言，我們學一次便可以世界通行了，不是很划算嗎？哪裡還有不學的道理！

3-1　解讀犬的喜怒哀樂

　　每隻狗的身體特徵也是獨一無二的，例如：眼睛是圓的還是修長的？眉頭有沒有皺紋？是立耳、垂耳，還是一半一半？尾巴是毛茸茸的自然下垂，還是捲尾巴，或硬硬的像條天線？飼主最好平時在家裡，狗兒感到最安全放鬆的狀態下，便多觀察毛小孩身體不同部位的狀態，之後要是看到表情與姿勢有變化，便更容易區分出來了。

 一　常見情緒狀態

（一）開心的狗很放鬆

　　身體肌肉全都在最正常放鬆的狀態，動作也很自然，嘴巴微開、尾巴輕擺，重心平均放在四腳上。狗對眼前的事物很滿足、悠然自得，一點也不擔憂。

（二）愛玩的狗會鞠躬

狗前腳彎曲使上半身伏低，屁股舉高，形成鞠躬般的姿態。通常眼睛圓大，神情活潑；耳朵豎起；嘴巴張開、露出舌頭；尾巴高舉作大幅度擺動；伴隨閃躲轉圈等活潑的動作，甚至是興奮、高音而短促的吠叫。這是狗在邀玩的典型動作，同時也是釋出善意的信號，表示自己不帶威脅，企圖舒緩兩狗之間的緊張氣氛。

（三）沮喪的狗很煩躁

很多人會誤會狗狗不乖、不聽話，但其實可能只是牠感到沮喪，例如：渴望的東西被拿走或得不到、訓練的內容很難或太無聊、無法被理解等等，所以會表現出煩躁。狗兒可能會表現出撲跳、轉圈、邀玩、咬手、咬牽繩、用手抓、四處踱步、喘氣、無法安頓等。

（四）警覺的狗很繃緊

狗兒提高警覺，可能是碰到某些事情或進入某個環境，所以集中精神在觀察評估。身體的肌肉會因為全神貫注而繃緊，眼神睜大向前注視；耳朵前傾或左右轉動在捕捉聲音；嘴巴合緊；尾巴平舉，輕微左右擺動；身體重心稍稍往前傾，動作靜止。評估完畢後，狗兒便會決定下一步行動，通常是開心迎接、逃跑或戰鬥。

（五）害怕的狗會後退

狗對於周圍環境或發生的事物不太肯定，感到緊張害怕，全身肌肉與動作都往後拉緊，眼睛瞇起；耳朵往後貼；頭部稍稍垂低；嘴巴合緊而嘴角微微往後拉；尾巴下垂夾在雙腿之間；整個身體壓低，重心往後；動作放慢，甚至僵住不動。

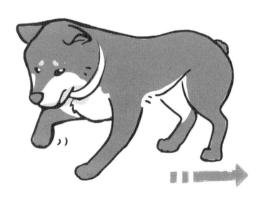

（六）受威脅的狗會發怒

狗被眼前的事物激怒或嚇怕，覺得生命受到威脅，嘗試發出警告訊號，要求對方拉遠距離。雖然同樣都會鼻子皺起、嘴脣掀起、露出牙齒及牙齦、發出低沉的吼叫聲，但情緒上通常有兩種狀態：

1. 防禦型

耳朵貼後；尾巴夾在兩腿之間；整個身體壓低、重心往後移。狗兒主要是受到驚嚇，才作出防禦，希望對方給予牠逃跑的空間。但要是被逼急了，牠還是會展開攻擊以保護自己。

2. 進攻型

眼神嚴峻；耳朵前傾；尾巴僵硬、或會輕微抖動；身體僵硬而挺拔，重心往前傾。狗兒沒有在怕的，牠強勢而自信地發出警告，如對方不退縮或再稍作挑釁，牠會毫不猶豫地發動攻擊。

二 常見的緊張不安訊號

　　很多人看到狗低吼、嘴唇掀起、露齒，都會馬上覺得被冒犯，認為狗不服從、在挑戰自己的地位，因而擺出更強勢的姿態，甚至做出責罰，企圖把狗的情緒鎮壓下去。長期剝奪懲罰狗的發言權，只會令牠們不再願意發出警告，但造成問題的原因卻沒有得到處理，一旦情緒爆炸狗便唯有直接咬下去以保護自己，這樣的「無聲犬」往往更為危險。

　　在低吼露齒之前，狗其實還會發出很多訊號，只是表情動作比較微細，所以常常被忽略或無視。狗利用這些「溫馨提示」，告訴我們有事情讓牠不安或煩躁，或企圖釋出善意，安定對方與自己的情緒，希望雙方能拉遠距離。

　　要是我們願意多觀察與尊重，馬上移除讓狗狗不安的元素（例如：馬上停止動作、移除刺激物、把狗兒帶開等等），狗兒便不需要把話說得更大聲，逼著用吠叫、低吼、露齒，甚至是咬的方式去表達了。

頭部轉開

抓 癢

身體轉開

嗅聞地下

迴避視線

鯨魚眼

飛機耳

突然拒絕
進食

舔 舌
（而非口渴）

動作放慢

喘 氣
（而非炎熱
或運動）

動作凍結

打呵欠
（而非眼睏）

慌張張望

提 腳

左右躇步

抖動身體

每隻狗習慣使用的訊號都不同，而且有時候會幾個微動作混合一起出現。觀察力是要培養的，建議大家可以每星期挑兩三個微動作來集中觀察，留意毛小孩有否展現這些神情，有的話又是在什麼情況下出現，然後下個星期再練習另外幾個。日子有功，閱犬能力便會大進，雙眼變得更銳利！

3-2　犬的心智與情緒

每個與狗狗相處過的人，想必也認同牠們是有思想、有感情的動物。許多科學家也引證了這想法，證實狗的確擁有情緒與認知能力。狗與人的情緒有很多相通的地方，但始終有其限制，不如人類般高階。很多所謂的行為問題正是源於人們把狗狗想得太複雜，擬人化了牠們某些舉動，因而產生了種種誤會與期望落差，所以這一章節我們將從科學角度好好了解一下狗的心智能力。

一　心智發展接近 2~3 歲孩童

研究人員普遍認為，狗的心智能力大概等如一個 2~3 歲的人類孩童。所以只要參考人孩的情緒發展，便大概能捉摸到狗兒的感受。年幼時我們只能感受到非常有限的基本情緒，直至逐漸成熟，才有能力思考更多，產生更細膩微妙的感受。目前科學研究認為犬隻只能感受一些較原始、基本的情緒，但沒有足夠認知能力去發展一些更複雜、特別是涉及道德判斷的情緒。

- 狗兒可感受到：興奮／激動、哀傷、滿足、憎惡、恐懼、憤怒、喜悅、懷疑／害羞、喜歡／愛。
- 狗兒無法感受：內疚、驕傲、羞恥、輕蔑。

　　狗狗只是很簡單直接的動物，認知與聯想能力也是比較基礎的，只能把數秒以內發生的事串連起來，透過結果的好壞去學習。我們不妨把狗兒想像成一個 2、3 歲小孩，對人類語言似懂非懂，還在摸索人類社會的種種規則，所以家長只能用簡潔的關鍵詞與手勢作溝通，以容易理解的方法作出引導，這樣牠們才能明白。

（一）常被誤解的情緒—內疚

　　一般家長對於狗狗會開心、害羞、恐懼等都很有共鳴，但卻比較難接受原來狗狗不會內疚：「怎麼可能呢？上次被我發現亂小便，牠就一副懺悔內疚的模樣呀，還別過臉、躲在一旁不敢出來…」，甚至還有家長說如果離家太久，狗兒便會故意報復，大舉破壞傢具。

　　狗其實沒有「內疚」這情緒。因為動物必須首先有自我意識與道德上判斷對錯的能力，才能理解到自己的行為將會怎樣連累到其他動物。狗兒受心智與認知能力局限，無法發展出如此複雜的情緒，更談不上會有計畫地報復。

（二）分析狗的內疚模樣

看來一臉懺悔內疚的模樣，其實只是善於觀察的狗狗留意到飼主神色有異，於是牠開始緊張，展露飛機耳、低頭、迴避眼神、夾尾巴、壓低身體、放慢腳步等，正正就如我們之前所討論過的緊張微表情，狗兒表達自己不安，同時也在安定你的情緒。

有科學家做過實驗，即使狗兒什麼事也沒有做，只要飼主故意板起臉裝生氣，狗狗一樣會出現那副可憐兮兮的模樣，證明那只是對飼主情緒的反映，不一定與牠的自身行為有關。

二 最大的情緒敵人—恐懼

🐾 圖 3-3 狗恐懼模樣

　　恐懼是與生俱來的，動物要生存就必須懂得害怕，才能避過危險，但同時也是狗最大的敵人，不少行為問題，例如：驚惶激動、焦慮、咬人咬狗、保護資源等等，背後往往都是恐懼作祟。特別是生活在城市的狗兒，由於缺乏空間、環境吵雜擠迫，常因恐懼而無法在人類社會好好融合。

（一）認識恐懼的不同面貌

　　我們通常只用「怕」去形容狗兒受驚的情緒，其實從定義來說，害怕也有程度的分別：

1. 恐懼 (Fear)

　　動物意識到某事物將威脅牠的安危，因而感到害怕，是種正常且重要的求生本能。狗兒通常會先「僵住 (Freeze)」，迅速審視形勢，再選擇要「逃生」還是「戰鬥」(Flight or Fight)。

2. 壓力 (Stress)

動物身處不良或嚴苛環境時出現的繃緊精神狀態。適當的壓力可以讓動物保持警覺、敏銳、有動力去完成工作，但長期承受壓力卻又無法舒展，則可能影響身心健康，造成失眠、亢奮、鬱悶、情緒不穩、激動、抵抗力欠佳、體重下降等問題。每隻狗面對壓力的反應與所能承受的程度也不一樣。

3. 焦慮 (Anxiety)

動物預料即將出現危險而感到惶恐，但那危險是未發生的，可能真實存在，又或只是幻想的未知事物。在家犬裡最常見的是分離焦慮症 (Separation Anxiety)，狗兒獨自在家時，幻想將有危險發生或家長不再回來，因焦慮而衍生不同的行為。

4. 驚恐 (Phobia)

動物對於特定事物或情境，產生持續而極端的恐懼，恐懼程度遠遠超過動物真正面對的威脅。例如：狗害怕雷聲，有些狗只是輕微懼怕，有些則非常慌張，可以為了逃命而傷害自己，甚至迷路也不自知。驚恐程度會隨著每次被相同恐怖事物嚇怕而日漸增強。

（二）造成恐懼的原因

不少領養家庭都會懷疑狗狗以前曾遭虐待，所以才導致性格容易驚慌。這些個案當然有，但不算太常見。有時一次創傷經歷，例如：被咬、被雷聲驚醒、無人在家時突然警鈴大作等，已足以令狗兒產生極大陰影，從此害怕該事物或處境。但更常見的原因，往往是來自遺傳，以及狗狗成長期時社會化 (Socialisation) 不足。

3-3 照顧毛孩的情緒健康

　　情緒健康是狗兒是否生活美滿、福祉良好的指標，我們希望狗兒盡量多時間維持在滿足、愉悅、興奮等正面的情緒狀態，而負面情緒，例如：恐懼、沮喪、憤怒、憂傷等越少越好。

　　照顧毛小孩的情緒健康，就好像為牠們理財。每次狗兒對身邊的人、事、地、物獲得良好經驗，建立了一份信任，就等於存錢進銀行戶口；相反，每次受驚嚇、被打、被威脅、面對壓力，錢就會被扣掉。

　　如果平常就理財有道，累積到豐厚財富的話，即使面對一次半次的危機，狗兒也因為財務健全，不致於元氣大傷。但如果本身積蓄已經不多，幾次負面經驗下來，存款很快便會清零，繼而變成赤字負債！所以我們平常就應該替狗狗多儲蓄，讓毛孩的情緒一直維持在健康狀態，牠們的抗壓力也會提高，遇有狀況便比較容易恢復過來。來一起為狗兒好好儲蓄吧！

一 促進狗兒情緒健康的方法

（一）提供安全與安心的生活環境

為狗兒提供安全舒適的家居環境，作息穩定，食物與清水供應充足，家人社群穩定，狗兒的私人空間和睡眠時間也獲得尊重。

（二）減少負面經驗

找出讓狗兒害怕或受壓力的刺激物，透過環境管理，把壓力源移除，盡量避免負面事件發生。

（三）累積良好經驗

與其不斷停止或糾正壞習慣，更有效的方法是改變心態，設想在該情境下什麼才是理想行為，然後主動引導及獎勵狗兒去做出良好選擇，並以制約與減敏的方法，協助狗兒逐步適應新事物。

（四）獎勵平靜情緒

　　大部分行為問題，例如：攻擊、吠叫、恐懼、壓力等等，均在狗兒情緒激動的時候發生。所以平常就應該多加讚賞狗兒的平靜情緒，並利用嗅聞與益智遊戲，以平和的方法刺激狗的感官與心智，減少快速激烈的玩耍或快跑。

（五）滿足核心行為

　　多了解狗兒在「睡眠、進食、活動、玩耍、護理身體、社交陪伴」等核心行為的需求，盡量滿足，讓狗兒可以做自己。

（六）給予自主權

　　容許狗兒在安全範圍下自由發揮，按自己喜好做出選擇。社交互動或遇上壓力事件時，應給予空間，允許狗兒自行決定離開或靠近。

（七）建立良好的人狗關係

　　熟習犬隻肢體語言，在牠不安或有需要時予以協助。以讚美獎勵的方法引導狗兒適應人類社會，同時不以打罵威嚇去強迫牠們面對壓力與恐懼，也不應該戲弄狗狗。

 二 ## 情緒不是行為，安慰不會增強恐懼情緒

　　常常聽到這樣的說法：「狗狗害怕時，家長不應該作出任何安慰，否則便會加深了牠的恐懼。」這說法在科學上並不成立，目前完全沒有證據顯示，給予狗狗安慰會加深牠的恐懼或焦慮。

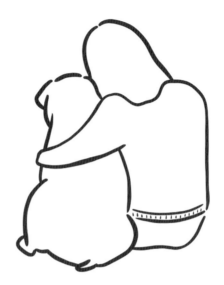

　　焦慮、緊張、恐懼是與生俱來、讓動物避過危險的保護機制。動物無法控制自己故意去害怕，順序必然是先有刺激物出現，大腦意識到威脅危險，才會發出信號讓狗兒感到害怕，進入戒備狀態，希望避過危險。首先這是動物對於陌生或危險狀況的不經意的情緒反應，其次是恐懼這負面情緒很難受，動物絕對不會，而且無法反過來為了得到撫摸與零食，而幻想前方出現危險，讓自己害怕起來。

　　所以我們必須認知，恐懼只是情緒，不是「坐下」或「握手」這些行為，並不會因為獲得獎勵而增強。作為毛孩守護者，我們有責任保護狗兒免於恐懼。科學研究證明輕撫有助預防及舒緩狗兒的緊張反應，例如：減慢心跳、增長平靜時間等。下次狗兒驚慌而主動求助時，我們不妨放心的給予安慰吧！第一步應該馬上移除讓牠害怕的東西，然後再平和地做出安撫，慢慢舒緩牠的不安。

3-4 社會化的重要與進行

　　雖然犬已經馴化為家犬超過一萬五千年，但這始終是個以人類為主導的社會，周遭充斥著狗兒不理解、不習慣的事物與經驗。社會化就是個幫助狗兒在安全的狀況下，認識不同的人事物和環境，學習融入人類社會的過程。

　　社會化良好的狗即使面對新環境與事物也比較能輕鬆面對，所以更容易跟從飼主到不同地方遊玩，大大增加生活樂趣。而幼時社會化不足的狗兒則常常有對社會適應不良的表現，性格比較內向，易焦慮不安、受驚嚇。所以自小為幼犬進行社會化格外重要，不過成犬也一樣有重新學習的能力，而且社會化是個終生學習的課題，所有年紀的狗狗，若在面對新刺激時，能保持平靜、友善，都應該獲得稱讚。

一　幼犬

　　幼犬期學習的經驗對未來有長遠影響。傳統建議幼犬在 16 週還未完成疫苗之前，必須待在家中不能外出。然而出生首幾個月是狗的黃金學習期，如果完全缺乏社會化經驗，將對狗兒未來的性情與適應能力影響極深。因此現時普遍認為，飼養者可在幼犬施打第 2 針及滿 12 週齡大後，以安全的方法進行社會化，例如：以手抱、手推車或背包帶幼犬外出感受環境變化，邀請朋友或帶幼犬到朋友家中互動，或安排幼犬與其他已接種疫苗、健康良好、友善的狗兒在室內環境玩耍等等。

 二　成犬

　　如果毛小孩已經是成犬，錯過了幼犬學習期也不是問題，成犬一樣具備良好的學習能力。使用之前提過的「制約法」可以有效替狗狗對新事物建立良好聯想，或改變以往的負面感受。但當然，如果成犬的性格比較內向高敏，那麼花的時間可能比較長，而且無法完全逆轉過去的缺失，但只要能幫助到狗持續進步就已經很好了。即使幼時社會化充足，飼養者在介紹任何新的人事物或環境給成犬認識時，都必須繼續保持循序漸進的原則，並持續稱讚牠們平靜友善的表現。

三 社會化的對象

　　飼主應先預想狗狗未來在生活裡會遇上的情境或物品，再安排機會讓牠們快樂學習，例如：

1. 人

　　年紀、種族、身體特徵、衣服配飾、動作。

2. 動物

　　不同體型、年紀、品種、外貌的狗狗、貓咪、小動物。

3. 物件

吸塵器、洗衣機、門鈴、雨傘、拐杖、
美容工具、手推車。

4. 環境

汽車與噪音、公園與
開闊空間、餐廳、坐車、
乘電梯、沙灘、停車場。

5. 經驗

穿戴胸背、外出散步、在不同的地面上步行、站在美容桌上、
被人碰觸身體及限制移動、各式美容或身體檢查程序、戴口罩。

四　進行社會化的原則

　　不論任何年紀或背景的狗兒，社會化的目標絕對不是強迫狗兒在短時間內接觸越多事物便越好，整個過程應該要在安全而安心的狀況下進行，以「由小至大、由少至多、由遠至近、由靜至吵」的原則，把人事物分解至狗兒可以接受的程度，把經驗程序拆成多個基本的小步驟，再呈現給狗兒認識，建立良好經驗後再按牠的進度慢慢遞升難度。

- 事先管理環境，避免狗兒受驚。

- 搜集不同材質的物品，讓狗透過嗅聞與探索逐步認識。

- 過程中多加讚賞與鼓勵。

- 一天內只介紹不多於 3 款新事物，不要過度刺激或嚇怕狗兒。

- 必須尊重狗兒的意願與進度，給予牠空間靠近或離開。

- 時刻留意身體語言，若狗兒表現不安，必須馬上停止，把刺激物移除或把狗帶走。

· MEMO ·

CHAPTER 04

正向無壓迫的
飼養管理技巧

4-1　滿足天然習性與需要

4-2　獎勵的正確運用

4-3　管理學習環境

4-4　調整問題行為五部曲

4-5　精進訓練成效的竅門

正向無壓迫是以關係為主、講求了解與同理的教育方法，著重滿足狗的生理需求，並透過環境管理與壓力排除，給予狗兒安全而安心的空間去表達自然行為，從而建立自信並達至情緒穩定。教養過程中，除了強調不做體罰與責罵，也不涉及任何會導致狗恐懼、痛楚或受壓的操作與工具。我們透過符合狗兒學習模式的「古典制約」與「操作制約」，協助牠們對新事物建立正面聯想，或逐步改變以往的負面想法，並藉由給予或拿走牠們喜歡渴望的東西，強化良好行為或減少壞習慣的出現，為目前國際間公認為最具備科學實證、動物友善的教養方式。這部分將分享實際操作的原則與訣竅。

正向無壓迫教育重點

環境管理

以移除壓力與刺激源，避免偏差行為發生或持續

預防調整

改變行為發生的事件，避免偏差行為發生或持續

正增強

主動教導並獎勵想要的行為，培養成良好習慣

獎勵替代行為

獎勵理想的替代行為，以減少舊行為持續出現

古典制約和反制約

對事物創造新的聯想，以改變情緒

減敏

有系統地逐步介紹新事物，以降低情緒反應

4-1 滿足天然習性與需要

　　雖然犬隻已被馴化超過一萬五千年，但仍然保留了很多天然習性。然而，生活在人類主導的社會裡，往往令這些天性無法得到滿足，導致狗狗表現躁動，或以人類不喜歡的方式去自我滿足，形成我們眼中的行為問題。

　　近年越來越多動物行為學家提倡核心行為的重要，認為我們必須先滿足狗狗的生理、情感與社交需要，其次才是訓練與認知需要。狗的天然習性如能得到滿足，牠們的身體與情緒也能維持在更佳的狀態，是人犬融洽生活的關鍵。

　　以下我們將簡介犬隻對於核心行為的特有需求：

一　睡眠

　　狗屬於多段式睡眠的動物，成犬每天約需睡眠 12~14 小時，而且喜愛在可以感受到家人的地點休息。我們需要為狗兒提供安全、不受干擾的睡眠環境，睡床大小應該足夠讓毛小孩伸展身體。

☑安全 ☑不受干擾 ☑睡床大小適中

二 進食

　　犬隻天生的食物種類很豐富，我們也可多注重牠們的食物多樣化，除了提供不受干擾的進食環境，也可以利用小遊戲滿足狗狗愛覓食、撿食的天性，並每天提供咀嚼機會。

三　活動

我們應該因應狗狗的身體狀況去評估運動量與種類，日常散步應以悠閒為主，給予狗充分滿足嗅聞、探索與蹓躂的需要。日間也可以用不同的嗅聞與益智遊戲，去刺激狗狗的大腦與感官，發揮牠們解決問題的能力。

四　身體照護

狗兒會因應溫度而選擇適合的休息地點，我們應該予以尊重。每天提供足夠機會讓狗狗大小便，美容護理也該以整潔為主，減少不必要的美容程序與人工氣味。

五　社交陪伴

　　狗狗有高度社交需求，對人類也有很強的依附感。不少狗兒對於獨自看家會感到壓力，我們應盡量減少狗狗獨處的時間，設法讓狗兒多參與我們的日常活動，同時也為狗狗設置安全區，讓牠可以安心享受獨處時光。

4-2　獎勵的正確運用

　　有些飼主對於獎勵零食很猶豫，怕狗吃慣了，以後沒有食物便不肯服從，又或者是怕牠們越吃越胖。其實利用食物作為訓練，有很多優點是其他東西所無法比擬的，例如：方便攜帶到不同場合、能快速連續給予、種類繁多等，實在不需要因為害怕依賴，便白白放棄這種有效又深受狗兒歡迎的訓練工具，重點是我們要學會如何正確地運用。實際上，任何狗喜歡或渴求得到的東西，例如：玩具、逛街、撫摸這些生活獎勵，都可以做為訓練工具，在不同情境下靈活運用。

一　犬的貨幣系統

　　關於獎勵的價值高低和運用，我們大概可以比喻成人類的貨幣系統去作理解。

　　要注意的是，每項獎勵的價值高低都要由毛小孩自己來決定。有些狗狗愛吃，有些則更愛玩或父母的讚美。即便同樣是食物，每隻狗兒也會有自己鍾愛的口味，跟購買零食所花的價錢不一定成正比。所以家長平時一定要多觀察，才能掌握毛小孩的喜好，找出牠心目中的高、中、低等價值的獎勵。

犬的貨幣系統

$10-$50圓	每天都會吃到、沒有肉類成份、味道較淡的食物;讚美 如:日常乾飼料、牛奶餅乾、父母的讚美
$100-$500圓	偶爾才會吃到、味道較香的零食;玩具、遊戲 如:肉乾、魚乾、拋球、上胸背、開門
$1000圓	偶爾才會吃到、肉味很香濃的食物;社交遊戲 如:新鮮雞肉、凍乾內臟、起司、和朋友玩耍 

二 善用生活獎勵

精明的飼主會懂得因應情境變化、難度高低、狗狗的喜好與狀態去靈活「理財」。一般來說,在狗兒放鬆、低干擾的環境下,進行一些熟練、簡單的動作,利用低價值的獎勵便足夠了。但是環境越陌生、干擾越多、練習內容越新或越難,我們便越需要提高獎勵的價值,這樣毛小孩才容易專心、更能夠記住學習的東西。日後待牠熟習後,便可以逐漸降低獎勵價值,減少獎勵的頻率。

剛開始教導新行為時,使用食物誘導或獎勵可能會更吸引,而且應該每次成功都給予零食,增加它的可預期性。但熟悉過後便應該減少給予零食的頻率,例如:每 2~3 次才給,中間善用生活獎勵

去取代，例如：先坐好才上牽繩胸帶、先坐下才出門、坐好才丟球、鬆繩隨行才能走到某棵樹嗅聞或與其他狗狗打招呼等。獎勵的種類越多元化與生活化，狗兒對於食物的依賴便會越少，並能在不同情境中也保持良好禮儀。

🐾 狗對於零食，往往重視數量，而不是大小，香味才是重點。零食大小如青豆般便已經足夠，連續給予數小顆，牠們的成功感會更大！所以飼主最好在練習前先把零食切成適合大小，並用保鮮袋分裝。

4-3　管理學習環境

　　教導狗狗時，很多人會忽略，甚至輕視了環境管理的重要，認為那只是避免問題發生的消極做法。其實狗狗每次與外界接觸都是一場學習，所以妥善管理環境，讓毛小孩在安全範圍下有系統地學習，實際上是「以退為進」，在教養中是非常重要的第一步，往往決定了教養成效的優劣。以下來看看管理學習環境的重要性：

一　預防壞習慣形成

　　從「操作制約」學習法則中，我們知道動物的行為只要得到獎勵便會不斷重複。要是環境沒有管理好，狗狗有機會吃到桌面美味的食物，便會滿足到口腹之慾；咬拖鞋，滿足了咀嚼的需要；上沙發，得到了舒適的午睡環境；吠叫暴衝，能把有威脅的人狗嚇走，產生安全感…等等。狗得到了這些大大小小的「獎勵」，行為自然會繼續重複，並一直增強，成為根深柢固的習慣。

　　所以把「前因」管理好很重要，這樣才不會出現第一次意外，也沒有之後的第二、三、四次的「後果」，可以防患於未然。

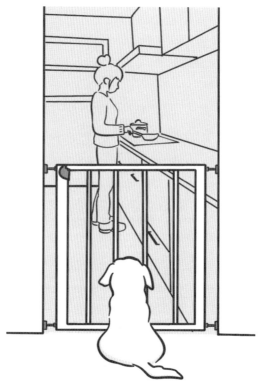

🐾 安全閘可預防狗兒走進廚房偷吃

 二 保護教學進度

　　如果狗狗早已有不良習慣需要調整，而飼養者正在積極訓練牠以新行為去取代，那就更需要借助管理去停止舊有行為繼續增強，否則只會進一步而退兩步，浪費訓練心力。

　　面對與恐懼有關的行為問題，飼養者更加要妥善管理刺激出現的程度，例如：和其他狗的距離、獨自看家的時間等等，避免毛小孩因為曝露於過分刺激的環境而嚇怕或激動，讓問題惡化。

三　避免意外發生

　　生活越忙碌的家庭，便越需要做好家居管理，因為疏忽的情況更容易出現，意外、磨擦，甚至打架很可能隨之而來，但你不一定有時間去與狗狗練習訓練，所以最好依靠管理去預防意外，維持家居秩序。

🐾 散步時以牽繩作為對狗兒的保護

四　保護親子關係

　　與其冒險讓意外發生，飼主事後要耗損時間與金錢去收拾爛攤子、向狗動怒，那不如早點預防問題發生，盡情享受每個與毛小孩相聚的時刻。

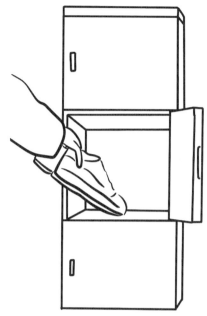

🐾 零散或危險的物件，如鞋子、藥物、巧克力等，應放櫃子內妥善保存

　　別擔心，管理措施也不一定是終身的，只是讓你爭取時間去教好狗狗，飼主可隨時因應毛孩的學習進度去拿捏管理措施的鬆緊。每個家庭的居家環境、生活習慣與狗的狀況都不同，所以管理的模式與工具也可以靈活變通。只要持續一段時間，很多飼養者都會很習慣這些管理措施，甚至不再察覺它們的存在，可能還會暗暗高興省卻不少訓練時間呢！

4-4　調整問題行為五部曲

當狗狗做了些我們不喜歡的事情時，大部分人第一反應就是吆喝「No！No！No！」，但如果「No！」真的有效的話，應該說一兩次已足以改正問題了，要是狗經常被罵卻從沒學乖，那只證明方法不管用。我們先前分享過懲罰的弊病，斥責打鬧或許能即時壓止行為，但卻沒有提供更多有價值的資訊，讓狗明白怎樣做才算正確，所以牠只會不斷重蹈覆轍或嘗試其他新行為去碰運氣。要徹底改善問題，並不需要說「No」，只要按照以下五個步驟進行便可以了。

改善行為五部曲

1. 管理環境

之前已分享過管理環境的重要，飼主應小心觀察問題行為通常發生在什麼地方、時間或情況，著手管理「前因」，例如：整理雜物、管理活動範圍等，才能預防毛小孩不斷重複行為並從中得到獎勵。此外，飼主也要照顧好狗狗的核心行為，滿足牠們咀嚼、嗅聞、探索、社交玩耍的需要，讓狗狗保持在平靜滿足的狀態。

2. 找出獎勵

思考究竟毛小孩從行為中得到了什麼好處，例如：撲跳是為了得到飼主的關注；吠叫是想嚇走陌生人或爭取零食；破壞傢具是因為無聊，還是焦慮？飼主除了要管理環境，也要小心自己與毛小孩的互動，別讓毛小孩再次從中得到獎勵（例如：撲跳時不再給予反應），同時也要積極以另一合宜途徑去滿足牠們的自然需要（例如：每天主動提供咀嚼物）。

3. 主動教導良好的替代行為

很多人習慣只挑剔狗狗的錯處，卻忘了告訴牠們怎樣做才算正確。例如：你不想狗狗撲跳，可以主動教牠四腳著地或坐著打招呼；不想牠在餐桌乞食，可以主動引導牠在床上咬骨頭。找出一個替代的良好行為，主導教導狗狗在相同情境下怎樣做更值得獎勵，並一起積極練習，才是更有建設性、更為長遠的做法。

4. 正面干預

不罵，不等如不管教。在生活裡定下界線很重要，當狗的行為過火而造成危險或困擾時，我們絕對應該干預，關鍵是要冷靜、清

晰而統一。飼主可嘗試反覆使用某個字眼或有趣的聲音,以清晰歡愉的語氣把狗狗的注意力搶過來,中斷牠正在做的「壞事」,然後馬上引導牠做出你期望的替代行為,並加以獎勵。

5. 使用低壓懲罰

正向訓練也存在懲罰的,只是我們不會訴諸痛楚或恫嚇,而是會把狗狗喜歡的東西拿走。例如:家長可發出聲音干預,並以停止互動、轉身不理睬、取走玩具或零食、扯繩時停止不動等方法,把狗狗眼中的獎勵拿走數秒,等牠稍為冷靜便立即再次恢復。但這方法應盡量少用,而且時機必須拿捏準確,也要持之以恆,否則狗狗可能不明所以,反而變得沮喪,衍生其他情緒問題。

每個人的居家環境、狀況與困難都不同,照顧者不妨發揮創意,找出一套適合自己家的方程式。學習進度很少是直線的,總有高低起伏,即使偶有退步也不要沮喪。狗是講求慣性的動物,只要你時常審視以上五步,持之以恆,而且有滿足到狗狗的生理與心理需要,一定可以把行為調整到雙方都覺得舒適的程度。

　　很多人都喜歡教狗狗一些小把戲，例如：坐下、轉圈、握手等等，是一個可以增進親子感情，又能讓狗多用腦筋，豐富生活且提升自信的活動。我們鼓勵以正增強的方法，先引導狗兒做出理想動作，再給予獎勵以作鞏固。訓練時，我們不會碰觸狗的身體，避免施予任何壓力，而會利用幾個手法去鼓勵狗兒思考，自行完成動作以爭取獎賞，例如：

· 標的法：引導狗以特定身體部位去碰觸物件。

· 誘導法：鼓勵狗隨著食物的移動而轉動身體，以達至理想動作。

· 捕捉法：捕捉狗的舉動，在牠作出理想動作的一刻馬上讚好。

· 塑形法：把動作分拆成數個簡單的步驟，引導狗狗逐步完成。

提升訓練成效的竅門

訓練狗狗之前，其實更需要精進的是我們自己的技巧，因為訓練者的反應時間、手腳協調、練習計畫等，將大大影響狗的學習成效。以下提供一些提升訓練成效的竅門讓大家參考：

1. 精準捕捉獎勵時刻

訓練中常用的「Good」、「好乖」或響片，就像相機快門一般，捕捉狗狗做出理想行為那一刻，清晰地標記：「你這個行為做得真好！」。時間抓得越準確，狗便越容易明白我們的要求。幾秒的延遲已足以令狗狗產生誤會，例如：很多家長在狗狗屁股坐下時沒有讚乖，牠以為自己做錯了便不斷嘗試新動作，結果剛巧在握手時被讚美，牠以後便可能誤會「Sit」等於「坐下＋握手」這套動作了。

2. 擬定教學目標

　　每次練習前，最好先有個清晰而可量化的教學目標，例如：希望教導狗狗「趴下」等於屁股坐下加手肘碰地；又或者，希望狗狗在距離你 5 步的位置上，坐著等 30 秒。雙方就像簽了合約一樣，共同跟著那個客觀目標行事，狗狗做到了便馬上獎勵。這樣不單狗狗容易理解，父母也能更清晰的計畫之後如何循序漸進。

3. 獎勵而不賄賂

　　有些家長怕狗狗不配合，所以每次必定先拿出食物來利誘狗狗做動作，甚至會拿著零食袋在揮舞。日子久了，狗便會以為零食是指令的一部分，習慣先確定有沒有零食，沒有的話便以為指令不完整，不需要做。

　　教養狗狗是想要「獎勵」牠的良好行為，而非「賄賂」。真正的獎勵應該是等狗完成某個行為後，我們先用口頭讚乖，讓牠明白自己做對了，然後我們才給予零食的。訓練初期，我們或許會手持食物作輔助誘導，但當狗狗熟練以後，便應盡快以口頭提示或手勢取代，並且融入不同的生活獎勵與情境，幫助狗狗將訓練泛化至不同情境，逐漸減低對零食的依賴。

4. 給予機會修正

面對狗兒突然失靈沒有反應，飼主會不自覺把指令大聲的重複幾遍，其實這樣隨時會讓狗狗對指令變得麻木，表現更差。

口頭提示只宜說一次，狗沒有即時回應的話，不妨讓牠思考 2~3 秒，然後嘗試以手勢作輔助提醒，再多等幾秒也不成功的話，便把動作還原，示意取消，然後重新再來一遍。要是連續兩三遍也不成功，飼主便必須審視一下周遭環境是否干擾或壓力太多，或進度太快。最好退回較簡易的程度再練習，然後讓牠休息，盡量讓每節練習都可以愉快而成功地結束。

5. 頭、口、手腳的完美協調

練習大忌是飼主自己手忙腳亂，所以事前我們應做好準備。首先把零食切小，放在容易拿到的地方，理順一遍這次練習的內容、要求與步驟，想清楚做對了要怎麼獎勵、做錯了又要怎麼修正。狗最精於觀察我們的動作神情，要是我們的說話太多或動作紊亂，那只會令狗看得頭昏，所以務必要保持簡潔清晰！

6. 練習時間宜短不宜長

狗的專注力只能維持短時間，特別是幼犬。一般而言，幼犬每練習 1~2 分鐘便應該休息，成犬也不應多於 3~4 分鐘，但每天可多於一節練習，在小休時可以跟狗狗玩耍一下放鬆心情。時間太長只會令狗容易分心而表現不佳，練習內容也應該稍有變化，按表現而調整難度，避免狗狗因為太容易、太困難或太沉悶而心生沮喪。

　　除了訓練基本指令，照顧者也可以多思考如何把這些動作融入生活，並多教導狗一些重要的生活技能，例如：在打招呼前與進食前以坐下代替撲跳，主動走進運輸籠，主動把口鼻伸進口罩、配合剪指甲等，讓人狗生活更為輕鬆。

5-1　籠內訓練安全的家

5-2　讓寵物學習上廁所

5-3　培養良好的飲食及生活習慣

5-4　與人們互動的遊戲

5-5　戶外活動與運動需求

現代人考慮飼養寵物不外乎「毛小孩」已視為家人，成為值得傾訴的一位對象、甚至是一位伴侶，然而飼養管理之虞，生活的照顧上就需要稍加細心照料。因此，寵物的居家飼養管理除了餵食與環境整潔外，食、衣、住、行、育、樂樣樣皆需要有一個準則，包含了最基本的環境衛生，以及行為教育，這不僅僅提高了寵物業的商機也連帶的影響消費模式，我們來看看有幾個必須要知道的話題。

5-1 籠內訓練安全的家

對於狗來說，最溫暖的就是窩，如同人們一樣，然而家的概念就是安全、依賴以及可靠。所以飼養的第一個階段就是需要讓狗有一個安全的家，特別是幼犬或剛回家的狗。飼養者可以使用圍欄或安全閘等提供一個安全的活動範圍，幫助狗適應新家的起居作息，同時避免狗在無人看管的情況下誤咬或誤吃不恰當的物品，安頓以後便可以逐步放寬自由活動的空間

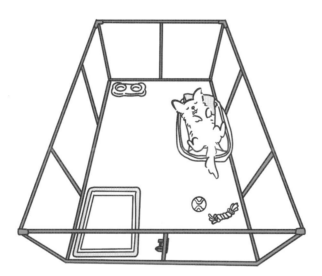

🐾 以圍欄管理幼犬的生活空間，避免意外發生

而籠內訓練在臺灣公寓式住宅中也有其必要性，不僅能模擬窩的環境，提供多一個睡眠地點的選擇，同時也為狗將來坐車做好準備。對於飼養者來說建立一個「古典制約籠內訓練」格外重要，以下步驟大家可以參考學習看看：

1.

讓籠子與狗狗平常生活
時都可接觸。

2.

每每當看到食物與籠子
的時候就有好感。

3.

當打開籠子下達指令"IN"的時候，
引導狗狗進入籠內。

4.

當狗狗待在籠子裡時下達"STAY"
的指令，並加以稱讚。

5.

有達到指令與稱讚的動作時，
給予零食獎勵。

6.

關起籠子並盡速給予口頭"GOOD"
的聲音獎勵

5-2　讓寵物學習上廁所

　　一般來說，飼養中最重要的是居住環境，其次就是上廁所的地點，然而引導寵物至適當的場所便溺在現今人們的居住環境中非常重要，如何讓幼犬學習掌握正確的位置解決便溺問題，以下我們將說明如廁訓練的六大步驟，不論是幼犬或成犬都適合使用。

 一　如廁訓練的六大步驟

1. 決定廁所地點

　　先決定希望狗在室外或室內上廁所，室內廁所應放在較寧靜但也容易找到的角落。

2. 抓準時機主動帶牠上廁所

　　一般狗剛睡醒、進食後、嚼咬東西一段時間、激烈玩耍後，都會有便意，並會出現嗅聞地下、轉圈、踱步、哀鳴、用手抓你或抓門等動作。抓準時機主動帶狗上廁所，成功率便會大大提升。

3. 培養規律的生理時鐘

　　提供固定的作息與進食時間很重要，這樣狗才能建立穩定的生理時鐘，加上每天紀錄牠的如廁時間，家長便能更有效掌握狗的如廁模式。

4. 獎勵良好行為

最好在廁所附近準備好零食，每次狗成功在正確地點大小便，便馬上獎勵，讓牠以後更願意做這良好行為。

5. 預防意外

管理環境以預防意外發生，以免狗不斷在錯的地方如廁，形成習慣。例如：關上房門、拿走地氈、善用安全閘或圍欄限制活動空間。

6. 處理意外

千萬別一時氣上心頭便予以體罰或大聲斥責，只會令狗兒以後不敢再在人前如廁，令訓練難上加難。如廁意外必須以專門清潔寵物便溺的產品徹底清理，以免遺下氣味讓狗誤以為那裡是正確的廁所。

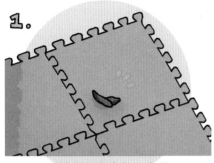

訓練狗狗在定點上廁所。

當狗狗有準備上廁所的行為時。

輕輕將狗狗抱起,切勿拖拉,以免
造成狗狗不適、陰影。

將狗狗放到定點位置。

當狗狗在定點位置上廁所,
給予牠獎勵和讚揚。

5-3 培養良好的飲食及 生活習慣

　　建立良好的飲食習慣必須從日常生活中做起，動物的習性非常善於運用嗅覺去分辨生活周遭的人、事、物。然而，犬隻的嗅覺感官功能也不例外，牠們可運用嗅覺來分辨食物、玩具、同伴、環境安全，以及訓練特殊技能。對於飲食習慣來說以下我們將分為五大要領，包含餵食方式、引導教育、取代訓練、互動接觸以及生活常規。

 ## 一 餵食方式

　　為了能夠讓新手飼主可以透過教育的方式讓寵物知道吃飯的禮儀及規矩，我們可以藉由每次吃飯的機會讓毛小孩養成守規矩的好習慣，藉由實務的引導讓寵物「看得懂」並且「吃的到」。

1.

當下達指令 "TOUCH"時，可將手掌攤平
讓狗狗用鼻子接觸手掌心。

2.

當狗狗碰到手掌心的同時下達
"GOOD"的指令。

接著將手中的零食給予獎勵。

再次的下達 "GOOD" 指令。

二 引導教育

　　為了能讓寵物明白不是有食物的地方就可以隨便享用，飼主必須引導寵物「吃」是一件很重要的事，這件重要的事可要有主人的允許才可以去「吃」，以至於養成好習慣讓牠們自己不再去翻垃圾袋或是吃人們的食物。

主人手中握著高獎勵的零食。

當眼神專注於目標物時，
即刻下達等待的指令。

依照適合的位置，分配均勻
給予一定單位的零食。

當看到零食的同時即刻
下達可吃的指令。

寵物開心的品嚐自己的零食，
並且沒有發生護食的行為。

給予兩位同樣的接觸獎勵，
並下達代表正確的指令。

 ## 三 取代訓練

　　如果飼主可以掌握良好的飲食習慣，我們也可以讓寵物成為一位有禮貌守規矩的毛小孩。一般來說，幼犬階段我們大都知道要以少量多餐的方式餵養，但身為飼主的我們往往因為幼犬的「耐心不足」、「吠叫催促」，擔心吃不飽或是動作太慢漸漸地讓牠們養成壞習慣。因此，當我們準備餵食吃飯時盡量讓寵物養成不能夠「大吵大鬧」和「培養耐心」的方式進行。

當寵物看到食物時,也能
夠吸引他們目光。

在放置食物到碗盤的
同時也能夠等待。

手勢與等待的指令即刻同
步下達與操作。

當都有穩定後,就可以再下
達吃的指令與動作操作。

在沒有發生護食的狀態之下,
可以稱呼很乖的指令。

在互相吃飯的狀態下,每隻
都可以吃得乾乾淨淨。

四　　互動接觸

在日常居家生活或是社會化養成教育中，能夠讓飼主們有效的運用肢體技巧及引導教育，讓狗的生活行為與人們生活一致，避免生活中產生不必要的困擾以及問題。

五　　生活常規

將寵物的「好奇心」降低，嘗試讓寵物能夠在社會化的期間接觸人們的生活，包含：家中門鈴、電話聲響、車水馬龍的聲音、路上跑動的汽機車、騎著腳踏車的人們等，刺激他們追逐與好奇的個性。

5-4　與人們互動的遊戲

　　簡單來說，人們的世界因為有了語言傳遞及肢體互動，透過彼此的相處而深化了情感與了解習慣，以維持良好的生活互動方式；然而，人們若想要和犬來溝通，以使用語言的溝通方式的確不是一個好的開始，但透過一些感官功能的訓練或遊戲，或許可以讓飼主了解犬想要的是什麼，尤其是如果想透過動作了解犬隻的語言，我們除了可以藉由聲音與動作辨別外，也可依照犬的習性，透過行為表達所產生的訊號、聲音音頻的高與低、氣體味道的近與遠等感官功能開始訓練。

 一　**以互動的獎勵方式訓練犬專注力與肢體接觸產生正向聯想**

在視線範圍內將動作清楚的表達，讓你的狗嘗試判斷指令。

在手中先拿著食物。

3.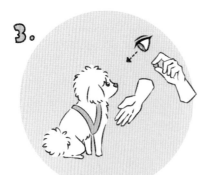

這時候請務必保持著眼神的交流。

4.

在操作的過程中也可用手接觸肢體。

5.

GOOD!

當接觸到肢體的同時可用聲音
「GOOD」表達正確。

6.

然後再給予食物。

透過嗅聞遊戲幫助犬使用嗅覺系統尋找食物

犬靈敏的嗅覺主要表現於對氣味的敏感程度。

運用狗狗的辨別氣味能力，是因為狗的鼻子裡有大量皺褶，這些皺褶使鼻子的表面積增加許多倍，以容納更多的嗅覺細胞，因此嗅覺特別發達。

透過嗅聞遊戲也可以相對地打發寵物因等待主人所產生的焦慮，以及獨自在家的孤單壓力。

嗅聞遊戲也可以製造有玩又有吃的好印象。

5-5　戶外活動與運動需求

　　早晚散步不是只為上廁所，而是讓狗轉換心情、釋放壓力、接觸外面世界的重要渠道。無論家中花園再大再漂亮，但景物氣味始終是每天不變的，狗需要出外觀看不同風景、嗅聞氣味，聆聽周遭聲音，感受環境的變化，這樣除了身體上得以舒展筋骨，也是對心智感官的刺激，一起散步與進行戶外活動更是最佳的親子節目。

 ## 選擇合適的運動量與活動種類

　　每隻狗所需要或所能應付的運動量都不同，需要根據品種、身體狀況與經驗去調節運動長度與強度。一般建議每天最少有一次長約 45~60 分鐘的散步（外加 2~3 次外出如廁），足夠讓狗狗感到滿足。也可配合家長的生活風格，加入長距離步行、爬山、游泳等不同戶外活動。

45 - 60 mins

　　適合的運動量應該是回程時狗會稍微放慢腳步，回家後需要小睡休息，但又不至於在中途已經趴下不走或出現跛行，飼主也需要因應溫度與濕度去調整運動量。炎熱或潮濕的天氣會影響狗散熱，需要進行較輕鬆的運動，或找涼爽一點的時間，例如：清早或晚上才外出，以防中暑。

 二 ## 充分發揮嗅聞與探索的樂趣

　　嗅覺對狗很重要，牠們的鼻子就如我們的眼睛，嗅聞氣味其實是在看風景、閱讀其他狗留下的身分資訊。如果環境許可（沒有阻擋路人、不是過馬路中途、不是投放殺蟲滅鼠毒藥的地點、不過分骯髒等）的話，請別急著走，讓狗按自己的步伐慢慢嗅聞，欣賞沿途的氣味吧。偶爾也可以改變路線，會為狗帶來新鮮感。狗從嗅聞中所獲得的心智刺激，絕不亞於快走所帶來身體上的勞動。

日常散步應以悠閒為主，毋須要求狗跟著我們亦步亦趨，在安全的情況下應該給予牠們足夠的空間與時間探索。要是到郊外遠足，甚至可考慮改用長牽繩，讓狗隨心所欲的去探索，選擇自己的路線。

CHAPTER 06

居家寵物美容技巧

6-1　認識基礎美容工具

6-2　工具的使用與技巧

6-3　洗劑的使用與建議

6-4　洗澡沐浴與保護皮毛

6-5　結　語

常言道：「工欲善其事，必先利其器」。再貼切不過的一句話，從古至今依然讓眾人嚷嚷上口，隨著飼養率逐年突破新高點，當前寵物美容產業人力需求與產業中工作職缺差距也越來越高，以傳統寵物美容技術養成到學習如何經營特定寵物業寄養、買賣與繁殖基本上都離不開基礎美容工具的使用、犬種與貓科的認知、剪刀與電剪的使用等美容技巧，寵物美容的技術以儼然成為近年寵物產業專任人員中不可不知道的職人技術與相關技能檢定證照取得，如此一來寵物領域皆需要大量的美容技術人員，這不僅僅只是一個單一的職能產業也同樣的造就了無數的工作機會與專業職能技術，因此寵物美容也邁向了新紀元。

　　幫毛孩洗澡前我們需要在剪指爪前準備適合毛孩的指爪剪、磨爪器和止血粉；在拔耳毛的時候我們也需要準備止血鉗、耳粉、棉花和潔耳液；美容師必須要理解因不同犬種中有許多不同背毛，尤其以全犬種的文獻考究紀載中得知，目前全世界中已登錄的犬種中已有區分為十二種類別的背毛，然而在美容時整理寵物的背毛也是一個特別重要的環節，因此我們也需要準備針梳以及排梳，在洗澡前進行徹底的梳理與清潔；最後在洗澡前，我們也需要有小電剪，用來協助剃除腳底毛、腹部毛、肛門周圍毛流，以確保整體清潔與美觀。

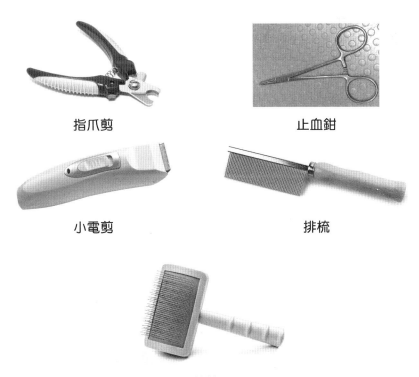

指爪剪

止血鉗

小電剪

排梳

針梳

一　指爪剪

　　當我們使用指爪剪和磨爪器時，我們必須要要確認好狗的指甲的血管位置，為了避免剪到血管我們必須特別注意血管的位置，尤其以深色背毛的犬種必須特別注意。

二　止血鉗

　　止血鉗的使用是用來清潔耳朵，以及拔除耳朵裡長長的耳毛，經由止血鉗的拔除，我們可以讓耳道更加的清潔，也可使用耳粉加強拔耳毛的清潔度，使耳道中的油質毛獲得較多摩擦力，較容易使用止血鉗拔除耳毛，並以止血鉗夾棉花沾上潔耳液，即可清理外耳及耳道，尤其在清理耳朵殘汙納垢時特別方便，在洗澡後清潔耳朵時也特別的得心應手。

 ### 三 **針梳**

　　針梳的使用以玩具貴賓犬為例，當我們在洗貴賓犬前如果有妥善的將背毛完全梳裡開，在洗澡的過程中就能夠很輕易的透過洗劑起泡後發揮清潔的作用，並在順毛梳洗背毛的過程中加以透過 SPA 紓壓的技術讓寵物不再對洗澡產生抗拒以及害怕。

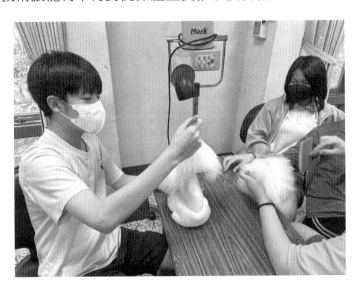

 四 小電剪

　　小電剪的使用首要以腳底毛、腹部毛及肛門周邊的毛為主，刀頭需平放於皮膚順毛剃除。

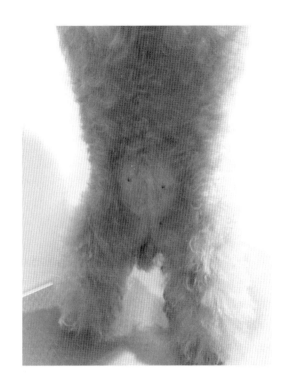

洗劑的使用與建議

　　洗劑大部分都需要稀釋，如果是使用原液直接洗對於皮膚敏感的毛孩容易太過刺激，因此，挑選洗劑需以成分天然為優先，越天然的洗劑香味越淡，也較適合毛孩，毛孩的嗅覺是人類的 10~100 萬倍，需選擇香味較淡的洗劑才不會過於刺激毛孩。

　　洗劑稀釋的步驟：

1. 準備稀釋瓶或小臉盆。

2. 依寵物的體型加入適當的洗劑。

3. 加入 1：10 或 20 倍的水並進行混和。

4. 充足的將泡沫均勻的塗抹在寵物的身上並進行清潔。

6-4　洗澡沐浴與保護皮毛

洗澡有三道手續：

一、洗掉毛髮外表髒汙。

二、洗淨皮膚油脂。

三、護毛加強毛髮滋養。

　　洗澡前要先擠肛門腺，確保肛門腺擠乾淨後，將身上毛髮淋濕，溫度要用手腕試過不會太冷太熱，毛髮打濕後將泡泡抹在皮毛上，順著毛流洗，切勿在毛髮上來回搓揉，第二道洗需加強容易出油部位及散熱部位，像是腋下、腳底板、嘴邊、耳朵、頭部，最後一道護毛需停留 5~8 分鐘，讓養分有足夠時間進入毛髮，適度的依照犬的毛髮結構特性選擇是否需要潤絲，吹毛時需試過風量及溫度，避免燙傷毛孩皮膚，針梳也不行梳在皮膚上，容易使皮膚更敏感。

6-5　結 語

　　本書的出發點期望飼主在飼養動物前，能夠通盤的了解並熟悉寵物的特性，以及教育方式，寵物的飼養在現今的社會氛圍儼然是主流之一，犬的訓練與教育是能讓寵物與人們選擇一個適合自己生活方式和提供適當的需求。然而，不同的犬種有不同的特點和需求，這對飼主來說是一個長期的承諾。因此，當我們選擇了我們所愛的犬隻時，我們知道這將是一個長期的關係，包含：食、衣、住、行、育、樂，並且犬隻需要我們提供適當的飲食、醫療照顧和住所。

一 　飲食與健康

　　首先，犬的飲食和健康是維持其快樂和活力的關鍵，在日常生活中我們能夠提供足夠的運動和智力刺激，以保持寵物的身體和心智健康。除此之外，要避免餵食寵物人類食物，特別是對寵物有害的食物，例如：巧克力、葡萄、洋蔥等，我們投資了時間來研究狗糧的種類，確保我們的狗獲得足夠的營養。最重要的，保持寵物的體重在健康範圍內，避免過胖或過瘦。適當的飲食和運動對維護健康體重至關重要，定期的獸醫檢查和疫苗接種是不可或缺的，以確保狗狗的健康。

訓練、社交與運動

　　再者，犬的訓練和社交化同樣重要。通過正面的訓練方法，我們的狗學會了基本指令，這不僅增加了我們的溝通，還幫助了狗的安全。此外，社交化幫助我們的狗與其他狗、人建立良好的關係，減少了不必要的焦慮和攻擊行為，我們也因為學習到如何與寵物接觸，提供適當的安全住所和圍欄，以防止寵物走失或受傷，使用項圈、胸背和牽繩來控制寵物的移動。然而在日常生活中，我們提供足夠的運動和刺激也是保持狗狗快樂的關鍵。我們每天出去運動，讓我們的狗狗消耗掉多餘的能量，保持健康。此外，我們提供了各種玩具和智力刺激，以使我們的狗狗的智商得到鍛煉。

關愛與陪伴

　　最後，提供寵物愛和關愛，與牠們建立親密的關係，寵物需要情感支持和陪伴，這對牠們的幸福和健康至關重要，以至於針對犬的照護不僅包括外貌和健康，還包括衛生，我們定期給我們的狗洗澡、刷牙和修剪指甲，這不僅使寵物看起來更乾淨，還幫助我們的狗狗遠離疾病問題，我們也可以透過身體的接觸注意到任何健康或行為問題，並及時尋求獸醫的建議。

　　飼養和訓練狗狗是一項有挑戰性但非常有滿足感的工作，我們的寵物不僅成為了我們家庭的一員，還成為了我們的朋友和伴侶。這個過程雖然需要我們投入非常多的時間，但我們所獲得的快樂和

陪伴一定是無價的。無論是在早晨散步、玩耍時的歡笑，還是晚上一起放鬆的時刻，我們的狗帶來了無數的美好時光，讓我們生活更豐富、更有意義，希望各位讀者都能夠與寵物們擁有健康、幸福的生活。

New Wun Ching Developmental Publishing Co., Ltd.
New Age · New Choice · The Best Selected Educational Publications—NEW WCDP

NEW
WCDP

新文京開發出版股份有限公司

新世紀·新視野·新文京 — 精選教科書·考試用書·專業參考書